# DK狂野星球

［美］莉莉·杜 著

［英］莱莉·扎梅尔 绘

申屠德君 译

冉 浩 审订

科学普及出版社

·北 京·

# 目录

墨西哥 ● 　　● 伯利兹

危地马拉 ●

哥伦比亚 ● 　　● 委内瑞拉

厄瓜多尔 ●　　　　　● 巴西

秘鲁 ●

玻利维亚 ●　　● 巴拉圭

阿根廷 ●

**这些美丽又狂野的地方，**

英国

亚美尼亚

越南

印度

菲律宾

加里曼丹岛

喀麦隆

肯尼亚

赞比亚

# 你想来看一看吗？

# 前言

想象一下，在世界上一些最古老的森林里，猩猩和大象、穿山甲、犀鸟、豹子一起漫步。想象一下，仅仅通过阅读一本书，你就有能力拯救这些森林——它们是数百个物种的家园。

停止想象吧！这正是你翻开《DK狂野星球》这本书能够带来的。这本书将支持一个慈善机构——世界土地信托基金（WLT）的工作。从你第一次打开本书的那一刻起，你就向全世界释放了保护的魔力，每一本售出的图书收入，包括你手中的这本，将帮助WLT来拯救壮观的自然区域。

你将帮助保护的自然景观之一是马来西亚加里曼丹岛基纳巴唐岸河沿岸的热带雨林。这是我在1991年第一次去的地方，从那以后我每隔五年就会回去看看。我亲眼见证了它的变化是如此迅速而显著，这是地球上最珍贵、最容易陷入困境的原始雨林。感谢WLT，也感谢你，它又得到了一次生存的机会。

WLT所做的事非常简单——它帮助人们在自然环境被摧毁之前拯救这些土地，然后把它交到当地政府的手中。护林员贝尔贾亚·伊拉汉日夜巡逻加里曼丹岛的热带雨林，以保护野生动物的安全。这项工作很简单，回报却是巨大的：猩猩可以在当地安稳地生活，而人们也可以安心地生活在一个大气中二氧化碳含量不高的星球上，因为雨林中的树木可以吸收、储存大量的碳元素。

要理解自然的力量，最简单的方法就是置身其中。下次当你踏入森林的时候，请环顾四周。抬头看看树冠，它们净化你呼吸的空气，通过吸收二氧化碳来帮助我们应对气候变化。低头看看沿着树干生长的蘑菇与青苔；留意那些当你走在森林里时鸣叫的鸟儿，以及当你靠得太近时跳开的鹿。万物相连，生机勃勃，因为森林一直屹立着。这就是自然的力量——当我们保护它们时，它们同样为我们默默付出着。

今天，随着你翻开这本书的每页，去发现等待着你的所有自然奇迹时——从加里曼丹岛的猩猩谷到亚美尼亚的白种豹保护区，从巴西的大西洋森林到赞比亚的大象中心地带……希望你能记住一件事：通过获得这本书并支持WLT的保护工作，你已经为拯救这些惊人的景观做出了巨大贡献。剩下的就是去阅读它们的故事，并分享给你的朋友和家人。我们可以让每个人都了解自然的力量，也了解我们自己拯救它们的力量。

当你踏上这段新的旅程，去探索荒野之地时，希望你永远铭记——没有人会因为太渺小而无法为地球带来改变。

# 世界土地信托基金是什么？

世界土地信托基金（WLT）成立于1989年，是一个旨在保护全球生物多样性最丰富和最受威胁的栖息地的慈善机构。通过全球合作伙伴组织网络，WLT旨在为建立自然保护区提供资金，然后永久保护其栖息地和野生动物。

自WLT成立以来，人们的捐款使其合作伙伴能够保护近1万平方千米土地——面积堪比牙买加岛。这些受保护的土地又使WLT的合作伙伴能够连接超过10万平方千米、面积堪比冰岛的珍贵栖息地——由供野生动物安全通过的生态走廊连接起来。这还不是全部！多年来，WLT的支持者们已经资助它在世界各地种植了超过245万棵本地树木。

通过保护栖息地，并借助植树恢复生态，WLT的支持者们对众多珍稀物种产生了深远影响。已知有近1万种物种生活在WLT全球合作伙伴项目地区。其中，3871种是鸟类，其次是植物（3036种）、哺乳动物（856种）、昆虫和其他无脊椎动物（676种）、爬行动物（634种）、鱼类（362种）以及两栖动物（348种）。

在这本书中，你会了解WLT的合作伙伴每天都在保护的珍稀动物：阿根廷的美洲狮、加里曼丹岛的猩猩、巴西的巨嘴鸟、哥伦比亚的海牛、厄瓜多尔的树懒、印度的老虎、肯尼亚的大象、秘鲁的熊、赞比亚的斑马……《DK狂野星球》不仅会向你介绍这些令人难以置信的物种，还将为你打开一扇窗户，让你领略野生动物生存之地的壮丽风景。从亚美尼亚白雪皑皑的山峰，到墨西哥迷雾缭绕的云雾森林，再到巴拉圭尘土飞扬的查科省，这本书中每个栖息地都不尽相同，但都有一个共同点：它们受到WLT合作伙伴的保护，无论是野生动物，还是人类——都在从中受益。

正如WLT的赞助人史蒂夫·巴克希尔提到的，这本书带来的收益将支持WLT的保护合作伙伴的工作，比如巴拉圭的护林员卢尔德·马托索——你可以在下图的左侧看到他，以及保护他们最了解的大猩猩的栖息地的喀麦隆人。这就是我们希望你在探索这些美妙的荒野时所能记住的事情——那些保护这些荒野的人并不是孤军奋战。你，拿着这本书的人，此刻就站在他们旁边。

支持WLT和它的合作伙伴的朋友，感谢你相信这个狂野的世界！

# 委内瑞拉

在委内瑞拉的玛格丽塔岛上，一只鬣蜥正爬上仙人掌寻找食物。天空中出现一道粉红色的条纹，那是一群飞向海岸觅食的火烈鸟。当鬣蜥爬到仙人掌的顶端时，它发现旁边的植物上有一些美味的红色花朵。于是，它从多刺的仙人掌上跳到旁边的仙人球上。很快，它就开始享用多汁的嫩芽，而对仙人球的棘刺毫不在意。饱餐一顿之后，鬣蜥开始在地上寻找一个舒适的地方。这是一天中最热的时候，也是晒太阳的最佳时间……

你能看
到什么？

子弹蚁

蓝冠锥尾鹦鹉

委内瑞拉贵宾犬蛾

## 栖息地

委内瑞拉有各种各样的栖息地，从加勒比海岸到安第斯山脉。玛格丽塔岛远离大陆的北部海岸，这里到处是多刺的灌木丛、仙人掌和干旱林地。

查卡拉克尔保护区是为了保护豹猫、玛格丽塔白尾鹿、南方长鼻蝙蝠和岛上特有的濒危鸟类——黄肩亚马孙鹦鹉等野生动物建立的。

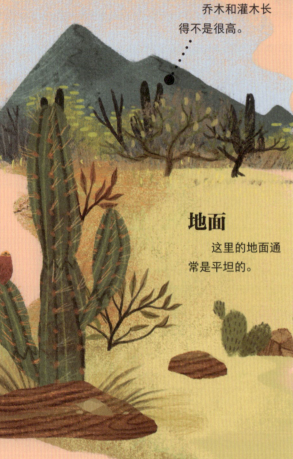

### 树

乔木和灌木长得不是很高。

### 地面

这里的地面通常是平坦的。

### 多刺的灌木丛

这种栖息地通常存在于山脚下，这里气候很温和。这意味着一年中任何时候的温度都不会过于极端。

### 绿鬣蜥

如果被捕食者抓住，它们的尾巴会断开。这不会给它们造成任何伤害——它们只需要重新长一条新的尾巴！

### 花座球

这种植物有时被称为"土耳其帽"，因为顶部有红色的"帽子"，看起来像非斯帽（土耳其毡帽）。

### 黄肩亚马孙鹦鹉

这是一种群居性鸟类，经常可以发现多达700只鸟的鸟群。

### 仙人掌

仙人掌可以食用——只要先将刺去掉！

### 玛格丽塔白尾鹿

这是委内瑞拉特有的白尾鹿亚种。当它感觉到危险时，就会摇动竖起的尾巴。

## 你都发现了吗？

### 子弹蚁

子弹蚁是世界上最大的蚂蚁！被它们叮咬后产生的痛感是被蜜蜂蜇后的30倍，而且痛感需要持续24个小时才能完全消失。

## 克鲁兹王莲

这种睡莲的叶子可以长到两米宽，可以支撑一个小孩的重量！

## 保护者

在繁殖季节，巴勃罗·米兰每天24小时都在查卡拉克尔保护区露营。他保护黄肩亚马孙鹦鹉的巢穴不受偷猎者的伤害，还会检查它们刚孵化的卵，帮助它们免受蛇和鹰等捕食者的攻击。

非法狩猎和非法贩卖动植物对野生动物的生存造成了巨大威胁。在没有保护的情况下，黄肩亚马孙鹦鹉经常被从巢中偷走，作为宠物出售。

## 库岛细长鼻蝠

这种蝙蝠在野外可以活到30岁。

## 美洲火烈鸟

它们的羽毛颜色来自它们所吃的食物。

## 食蟹狐

它们会挖掘自己的巢穴，但是更喜欢住在其他动物挖的洞穴里。

## 你可以做些什么？

地球上的生态环境正在改变，但并不是所有的鸟都能适应改变的环境。你可以改变你的花园，使之适合鸟类生活，并为我们的鸟类朋友提供食物和水。

## 蓝冠锥尾鹦鹉

在委内瑞拉的玛格丽塔岛上，目前只有不到100只蓝冠锥尾鹦鹉。它们可以在栖息地与觅食区之间长距离往返。它们也可以调整自己的饮食习惯，以适应现有的食物。

## 委内瑞拉贵宾犬蛾

委内瑞拉贵宾犬蛾直到2009年才被发现，所以科学家们对它还不太了解。它只有大约2.5厘米长。

# 马来西亚

　　黎明时分，在马来西亚加里曼丹岛的基纳巴唐岸河上，游客们早早地起来，为了观赏雨林和神奇的野生动物。船长关闭了引擎，让船随波逐流。日出开始淡化黑暗，薄雾笼罩着河流，温暖而潮湿的空气中弥漫着丛林里泥土、植被和腐烂的木头的气味。蕨类植物、兰花和苔藓覆盖着树干；树冠上一派生机勃勃，一只色彩鲜艳的犀鸟在巢边栖息，一只猴子在树枝间穿梭；鸟鸣和昆虫的声音此起彼伏，不绝于耳。

## 你能看到什么？

繁翅蜡蝉

花冠皱盔犀鸟

兰花螳螂

13

## 栖息地

加里曼丹岛的热带雨林约有1.3亿年的历史，是世界上最古老的热带雨林。基纳巴唐岸河是马来西亚第二长的河流，它又被称为"东方的亚马孙河"。

克鲁亚克走廊是一条野生动物生态走廊，保护着许多物种，如侏儒象、喙猴和猩猩等。这里是世界上仅有的两个可以在野外看到猩猩的地方之一——另一个在印度尼西亚。

### 婆罗洲侏儒象

它比其他亚洲象更小，性格也更温和。善于游泳，可以轻松穿过河流。

### 植物

在这片森林中，植物种类较少。

### 猪笼草

这些植物可以吃掉昆虫等小型动物！

### 河流

沼泽森林常常分布在河流的下游地区。

### 马来云豹

它们的名字来自皮毛上的云状斑纹。

## 淡水沼泽森林

这些森林被永久的或季节性的淡水淹没。

### 马来熊

又名太阳熊，这个名字来自它们胸部一块浅色的皮毛，传说这代表了升起的太阳。

# 你都发现了吗？

### 繁翅蜡蝉

它们属于蜡蝉科东方蜡蝉属，这类昆虫的显著特征是头长且外形奇特。

## 三趾翠鸟

它们筑的巢，可长达一米。

## 保护者

黛莎·本·卡帕尔穿梭于热带雨林中跟踪并研究猩猩。她正在努力通过创建野生动物可以安全使用的生态走廊，将热带雨林的碎片化区域连接起来，这将给动物们提供更大的空间来漫游、捕猎和繁殖。

基纳巴唐岸河周围的泛滥平原上80%的森林被棕榈油种植园占据了，曾经广袤的大片森林，而今变成了零散的小片。

## 大王花

它们是世界上最大的花。但是不要贴近去闻，因为它们会散发出臭鱼烂虾的味道！

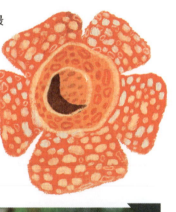

## 猩猩

它们在热带雨林的树冠中吃饭、睡觉和玩耍。它们是世界上最大的树栖哺乳动物。

## 长鼻猴

雄性长鼻猴的大鼻子可以帮助它们发出响亮的叫声，以此来吸引雌性。

## 你能做些什么？

棕榈油无处不在，从比萨到巧克力，从洗发水到口红。选购产品时，应优先考虑那些环境友好型棕榈油产品，也就是说农民在种植油棕树和榨取棕榈油时，没有对人类、野生动物或环境造成伤害。

## 花冠皱盔犀鸟

幼年犀鸟的喉囊是蓝色的。随着年龄的增长，雄性犀鸟的喉囊会变成亮黄色，而雌性犀鸟的喉囊会保持蓝色。这是一种区分性别的简单方法。

## 兰花螳螂

兰花螳螂看起来像一朵花，名字里也带有"兰花"，但它实际上是一种昆虫。它的这种拟态外观有助于骗过蜜蜂和其他昆虫，以便被它捕食。

15

# 墨西哥

在墨西哥中部的塞拉戈达山脉，清晨的阳光笼罩着森林，帝王蝶（黑脉金斑蝶）从睡梦中醒来。它们像毯子一样把橡树和松树裹了厚厚的一层，树枝都被压弯了。当它们醒来并扑扇翅膀时，就像花朵从树上绽放。很快，成千上万的蝴蝶开始展翅飞翔。这些美丽的蝴蝶像一团团发光的云朵在蓝天中升起，继续它们的南下之旅。它们从加拿大和美国出发，已经旅行了近两个月。现在它们就要到达目的地——墨西哥西南部的越冬地。它们将停栖在它们的祖先之前栖息过的树上，一直到春天来临。

## 你能看到什么？

**贝氏伪溪螈**

**捕虫堇**

**须林鹬**

## 栖息地

墨西哥的大部分地方都是高原——隆起的平坦区域，周围被群山环绕。该地区还有干燥的半沙漠地区，覆盖着仙人掌和丝兰，以及雾气缭绕的云雾森林。

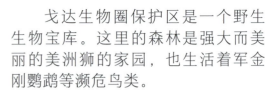

戈达生物圈保护区是一个野生生物宝库。这里的森林是强大而美丽的美洲狮的家园，也生活着军金刚鹦鹉等濒危鸟类。

### 美洲狮

它们可以适应不同的环境，比如从沙漠到山脉。成年个体通常都是一种颜色，但幼崽出生时皮毛上带斑点。

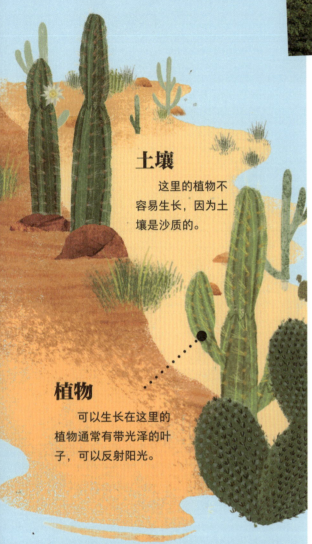

### 土壤

这里的植物不容易生长，因为土壤是沙质的。

### 南方飞鼠

它们不能像鸟一样飞，但却能滑翔。它们用四肢来控制方向，用尾巴来减速！

### 植物

可以生长在这里的植物通常有带光泽的叶子，可以反射阳光。

### 瑰喉蜂鸟

它们是世界上已知的第二小的鸟，和大黄蜂差不多大！

## 半干旱沙漠

这些沙漠比撒哈拉沙漠等干旱沙漠更冷。在漫长而干燥的夏季之后，冬天会有一些降雨。

### 军金刚鹦鹉

这些吵闹的鸟会发出嘈杂的叫声，但当捕食者在附近时，它们很快就会安静下来。

### 玉兰树

它们是最古老的植物种类之一。

# 你都发现了吗？

### 贝氏伪溪螈

这种蝾螈只在墨西哥被发现。它们没有肺，而是通过皮肤"呼吸"。它们必须保持体表湿润以吸收氧气。

## 绿巨嘴鸟

它们生活在森林的树冠上。它们明亮的体色有助于在树叶中伪装自己。

## 黑脉金斑蝶

黑脉金斑蝶每年都会向南迁徙近5000千米，每天飞行距离长达160千米。在旅途中，它依靠在幼虫阶段所吃的大量食物作为能量来源。

野生动物的栖息地正受到非法伐木的威胁。成熟的大树被砍倒，只为了一小块木头，伐木工得到一小笔收入，但是这些树需要花很长时间才能重新生长起来。

## 仙人球

它们生长在高海拔的石灰岩上。

## 保护者

帕蒂·鲁伊斯和她的儿子罗伯托致力于保护塞拉·戈尔达生物圈保护区。他们鼓励土地所有者转向对自然友好的农业，并帮助土地所有者获得保护森林的资金。他们还支持女性在生态旅游领域找到工作。

## 黑熊

它们通过在树上留下抓痕和咬痕来标记自己的领地。

## 你能做些什么？

蝴蝶经常在秋天去花园觅食。你可以把水果放在地上，或者放一些碾成糊状的香蕉和软杞果，这些都是它们的最爱。

## 捕虫堇

这是一种食虫植物，能分泌黏液的叶子可以抓住小虫子。如果气温下降或出现干旱，捕虫堇黏稠的叶子就会脱落，长出肉质的叶子。所以它就像是两种植物糅合在一起一样！

## 须林鹑

这是一种墨西哥特有的濒危鸟类。它们生性谨慎，如果有人类接近它们，它们会快速逃跑，而不是飞起来。

# 亚美尼亚

　　傍晚时分，亚美尼亚高加索地区的一个山坡上，一个牧人正在呼唤他的羊，是时候把它们赶回村庄了，安全地远离在这里游荡的狼和熊。现在是五月，牧场色彩缤纷，到处都是野花。紫色的鸢尾花、蓝色的矢车菊和红色的罂粟花在温暖的微风中散发着芳香。蝴蝶等昆虫在摇曳的花朵上形成一片"颤抖"的云。一只胡兀鹫庄严地在天空中翱翔，它巨大的翅膀就像蓝天中一把黑色的梳子。远处，最高的山峰上仍然覆盖着皑皑积雪。

你能看到什么？

罗氏托灰蝶

伶鼬

变色鸢尾

## 栖息地

亚美尼亚80%以上的地区是山地，虽然它凹凸不平，但高加索地区是数百种哺乳动物和鸟类的家园。

高加索野生动物保护区保护着猞猁和野山羊等神奇动物。这里也有许多类型的鸟类，包括四种秃鹫。

### 胡兀鹫

大多数成年胡兀鹫的羽毛实际上是白色的，但它们生存的地区有很多富含氧化铁的石英石，因此羽毛被染成了橙色。

### 野山羊

雄性野山羊的角非常有特色，它们呈弧形向后弯曲，被猎人高度觊觎。

### 波斯豹

平时它们会低吼或者咆哮，快乐的时候也会发出呼噜声！每一只豹身上的斑点图案都是独特的，就像雪花一样，可以用来识别它们的个体。

### 草甸

草甸能帮助抵抗全球变暖，因为它能够吸收二氧化碳。

## 高山草甸

这类栖息地是林地和草原的混合体。这里的冬天又长又冷，夏天很短，且根本不下雨。

### 棕熊

棕熊是目前生活在欧洲大陆上的最大的捕食者。尽管它们的体重很重，但是它们仍然能以每小时50千米的速度奔跑！

# 你都发现了吗?

### 罗氏托灰蝶

和许多蝴蝶一样，罗氏托灰蝶会选择特定的宿主植物。雌蝶在其叶子上产卵，当幼虫孵化出来时，幼虫就会开始啃食这种植物。

## 岩山蝰

它们生活在高海拔地区干燥且多岩石的山坡上。它们的舌头能帮助它们分辨食物、捕食者和配偶的气味。

## 灰狼

在16千米外都可以听到它们的嚎叫声，在满月时它们的嚎叫会更频繁。

## 粉罂粟

粉罂粟是亚美尼亚特有的一种濒危植物。

非法狩猎和偷猎对野生动物来说是一个巨大的威胁，因为稀有物种可以高价出售。

## 保护者

鲍里斯·万扬是一名在高加索野生动物保护区巡逻的护林员。他的主要工作之一就是确保追踪摄像机能够正常运作。这些摄像机用于追踪豹子，记录它们的活动，并帮助它们免受猎人的伤害。

## 你能做些什么？

野花为蜜蜂和蝴蝶等传粉者提供了花蜜。蜜蜂等传粉者可以为野生动物和人类提供蜂蜜等食物。你可以通过种植野花来帮助这些传粉者。你只需要一个花盆或一块土地就可以做到这些。

## 秀丽白灰蝶

这种蝴蝶在幼虫阶段会诱使蚂蚁以为它们是蚂蚁的幼虫，然后蚂蚁就会把食物带回来给蝴蝶幼虫吃。

## 蓝胸佛法僧

它们羽色艳丽，让人过目不忘。

## 伶鼬

伶鼬是适应性很强的动物，可以生活在许多不同的栖息地，从草原到热带雨林都有它们的身影。

## 变色鸢尾

亚美尼亚是许多鸢尾植物的家园。然而，它们中的很多都是具有防御性化学物质的，只要触摸它们就会引起过敏反应！

# 肯尼亚

在肯尼亚的大草原上，新的一天开始了！一群长颈鹿正啃食着金合欢树高枝上的叶子，而斑马则在它们周围枯黄的草地上吃着草。一头犀牛和它的幼崽在湖边的泥坑里打滚，它们知道凉爽的泥浆可以保护它们免受正午阳光的灼伤和虫子的伤害。远处，早晨的阳光缓缓地漫过肯尼亚山锯齿状、皇冠般的轮廓。很快，从白雪覆盖的山峰到较低的山坡，整座山都沐浴在阳光之中。在这里，茂密的绿色森林是猴子、大象等无数野生动物的家园，各种形状、大小和颜色的鸟儿在树梢上快乐地歌唱，迎接着新一天的到来。

你能看到什么？

低地紫羚

夏氏长爪鹊鸰

非洲冕雕

25

# 栖息地

肯尼亚最著名的地方是它的大草原，在那里你可能会看到非洲的"五大草原动物"——狮子、豹子、大象、野牛和犀牛。这个国家有各种各样的景观和栖息地——从热带雨林和海岸，到荒原和山脉。

在肯尼亚山森林保护区和基库尤悬崖森林中，人们种植着可以快速生长的本地树木。这些树木有助于提高这里的生物多样性，为多种动物的生活提供食物和住所。

## 长颈鹿

长颈鹿的脖子和腿太长了，以至于它们无法在站立的情况下够到地面，所以它们必须跪下来喝水。

### 山脉

肯尼亚山形成于500万—200万年前。

### 植被

高山沼泽地带的植物种类不是十分丰富。

## 高山沼泽地

这个高海拔地区的气候非常极端，而且气温变化得很快，白天像夏天一样炎热，而夜晚像冬天一样寒冷。

### 阳伞树

这种树因其外形像一把大伞而得名。

### 红胸鸺鹠（xiū liú）

它们在白天很活跃，而且会不断地发出叫声，这可能会导致愤怒的鸣禽对它们的围攻！

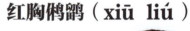

### 平原斑马

它们有着良好的视力和听力，这意味着它们可以及早发现正在接近的捕食者。

# 你都发现了吗？

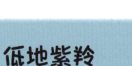

## 低地紫羚

这种羚羊是食草动物。这意味着它们只吃植物，不过它们也会舔食一些天然矿物质，以获得维持身体机能所需的盐。

## 豹兰

豹兰因其花瓣上的豹纹斑点而得名。它们生长在高大树木的较高树枝上，因为它们需要充足的光照才能开花。

## 黑犀牛

实际上它们是灰色的，但它们的皮肤颜色可能会有所变化，因为它们喜欢在泥浆和沙土中打滚。它们的大部分觅食活动都在夜间进行。

## 凤眼莲

大量繁殖的凤眼莲妨碍了渔船的航行，这是肯尼亚维多利亚湖的一个大问题，目前，科学家正在探索它们是否可以转化为生物燃料，供人类使用。

在肯尼亚，野生动物面临的最大威胁是人口增长带来的森林砍伐、毁林造田、草原田，自然生境碎片化破坏了野生动物的栖息地。

## 象鼩

它们用尾巴来标记自己的领地。

## 杰氏巧织雀

雄鸟为了吸引配偶，会直直地跳到空中。

## 保护者

当地人正在收集种子，种植本地幼苗，并在保护区重新种植树木。许多人也转向对自然友好的工作，如养蜂、纺丝绵和养殖蝴蝶。

## 你能做些什么？

你可以通过实际行动来减少树木砍伐量，譬如双面打印纸张、非必要不打印、回收利用纸张和纸板等。

## 夏氏长爪鹨鸰

它们生活在草丛中，这些草丛在气候干旱的栖息地成丛地生长。它们在这些草丛中筑巢、觅食和躲避捕食者。

## 非洲冕雕

它们不是世界上体形最大的猛禽，但它们是世界上最强大的猛禽。它们能够用利爪杀死比自身大四倍的猎物。

# 秘鲁

  在秘鲁北部的一片云雾林中，瀑布从多岩石的山坡上一泻而下，树冠周围雨雾缭绕。在这里，一只深棕色的熊正在爬上一棵长满了苔藓和兰花的野生鳄梨树，树枝上散乱地悬挂着一些气生植物。水滴从树叶上滴落到森林的地面上，蜂鸟在花丛中盘旋。这只熊爬到鳄梨树的顶端，然后扯下一簇绿色的果实尝了尝。这些水果差不多成熟了，它扯下水果，小心地放到一根粗树枝上，一会儿它就可以好好享用这些水果了。

你能看
到什么？

叉扇尾蜂鸟

秘鲁夜猴

秘鲁珊瑚蛇

## 栖息地

秘鲁有引人注目的自然景观，从沙漠和高山草甸，到安第斯山脉和亚马孙雨林。秘鲁云雾林的生物多样性非常惊人。

塔巴纳斯南贝勒—亚库里生态走廊正在帮助保护云雾林和生活在那里的动物。这些动物包括易危的眼镜熊、各种令人惊叹的爬行动物和两栖动物，以及诸如红颊鹦鹉和金羽锥尾鹦鹉等鸟类。

### 红吼猴

它们喜欢长时间坐在树冠上咀嚼树叶。

### 云

这里终年笼罩着云雾。

### 红颊鹦鹉

它们在飞行和栖息时发出的叫声各有不同。

### 植物

高湿度有助于气生植物、苔藓和蕨类植物生长。

## 云雾林

云雾林出现在高海拔雨林与山脉交汇的地方。温暖潮湿的空气被向上推，凝结成云雾。

### 龙血树

如果你割下龙血树的树皮，它会渗出深红色的泡沫状树液，当地人把它当作药物来使用。

### 安第斯神鹫

这是世界上最大的飞禽，翼展可超过三米！

## 你都发现了吗？

### 叉扇尾蜂鸟

这种蜂鸟外形十分独特，尾部仅有四根羽毛。其最显著的特征是雄鸟尾部外侧两根长长的、扇状或球拍状的尾羽，雄鸟可分别活动两根尾羽。

## 南美水仙

南美水仙有着一簇簇星形的白色花朵,气味芳香。它在接近冰点的温度下处于休眠状态。

## 鳞辉尾蜂鸟

这些蜂鸟全年都生活在同一个栖息地——即使在极端天气也是一样。

秘鲁有许多金属矿藏,为了开采这些金属,许多森林被砍伐,同时,采矿活动会污染周围的河流和溪流。

## 山貘

它可以用鼻子去抓取水果、树叶和其他嘴够不着的食物。

## 眼镜熊

它们是帕丁顿熊的原型。故事书中的熊喜欢果酱,但现实生活中,它们更喜欢蜂蜜。

## 保护者

许多当地组织都拥有自己的土地,他们正在创建社区的野生动物保护区。这些通道连接起来,形成重要的野生动物走廊,它们也保护了该地区不受采矿的影响。当地人也在学习新的、环保的、可持续的农业方式。

## 你能做些什么?

人类通过采矿、过度消费和将东西扔进垃圾堆消耗了地球上的大量资源。你可以通过回收利用和减少购买新物品来助力环保。废旧电子产品和电池里含有可以重复利用的金属和矿物质。

## 秘鲁夜猴

这些夜行性的猴类白天睡在树洞里、藤蔓间,或睡在成堆的树叶和树枝上。很多猴类常见互相梳理毛发的行为,在这种猴类中还没发现类似的行为。

## 秘鲁珊瑚蛇

这种毒蛇的毒牙是中空的,而且很短,但它们攻击性很强,随时准备咬猎物。在攻击时,它们会紧紧缠绕住猎物,等待毒液发挥作用。

# 菲律宾

一只绿海龟正在苏禄海温暖、蔚蓝的海水中慢慢游荡。在它的下方，广阔的珊瑚草甸中聚集着多彩的生命。黄黑相间的天使鱼在海葵森林中穿梭，一只龙虾在岩石间爬行，一群群银色的鱼在阳光的照射下闪烁着光芒，一只巨大的电光蓝色蛤蜊慢慢正张开壳捕食浮游生物。当海龟接近它的目的地丹朱甘岛时，海水变得越来越浅。很快，它就会到达白色沙滩，但在上岸之前，它会在海底先吃些海草，这是它在爬上海滩产卵之前最后一次进食。

你能看
到什么？

蓝环章鱼

砗磲

巴氏海马

33

## 栖息地

丹朱甘岛是苏禄海上的一个小岛，也是菲律宾的数千个岛屿之一。这里的主要栖息地类型是热带雨林、红树林和珊瑚礁。

丹朱甘岛的生态环境曾经受到当地经济发展的威胁。今天，它已被列为海洋保护区和野生动物保护区，保护物种包括海龟、海豚、鲨鱼、鸟类、蝴蝶和蝙蝠等。

### 海草

海草草甸有助于保护海岸免受海浪和风暴的侵袭。

### 白腹海雕

白腹海雕会发出像鹅一样的叫声。

### 硬珊瑚

这些都是构成珊瑚礁的物种类型。

### 乌翅真鲨

雌性乌翅真鲨可以在没有雄性配偶的情况下繁殖。

### 虎尾海马

像所有的海马一样，虎尾海马的游泳速度也很慢。然而，它们不仅能向前、向上和向下游，还能向后游。

### 岸礁

珊瑚礁是由不同形状和大小的珊瑚组成的水下结构。岸礁是最常见的珊瑚礁类型。它们生长在岛屿的海岸线附近，被潟湖与海岸线分开。

### 绿海龟

这种海龟的寿命可达80年。雌性绿海龟会跋涉数千千米回到它们出生的海滩产卵。

### 珊瑚

人们通常认为珊瑚是植物，但实际上，珊瑚是一种生活在海底的动物。

## 你都发现了吗？

### 蓝环章鱼

小小的蓝环章鱼是海洋中最危险的动物之一。每只蓝环章鱼体内含有的毒素足以杀死26个人，但被它咬伤时却是感觉不到疼痛的。

## 鬃毛利齿狐蝠

它是世界上最大的蝙蝠。它的翼展可达1.5米。它是菲律宾特有的物种。

## 小丑鱼

所有的小丑鱼出生时都是雄性的，有一部分在成长过程中会变成雌性。

随着其他岛屿的开发，丹朱甘岛对本土物种和迁徙的野生动物来说更加重要。但是，全球变暖正在导致海平面上升，逐渐侵蚀着该岛的海岸。

## 海葵

它们用触手捕捉漂浮在海水中的食物。

## 保护者

当学生们参观丹朱甘岛时，柴阿贝尔负责为他们介绍生活在那里的动物，以及保护环境的重要性。她是一名海洋生物学家，她喜欢通过潜水来观察珊瑚。

## 跗猴

它们可以把头转动180度来环顾四周，这很方便，因为它们的眼睛是固定的。

## 儒艮

这种食草动物不需要复杂的行为来获取它们的食物。

## 你能做些什么？

塑料垃圾会杀死海洋生物，因为海洋动物可能会吃掉这些塑料垃圾或被纠缠在其中。你可以通过清洁海滩、捡垃圾以及避免使用塑料袋、吸管和食物包装纸等一次性塑料制品来减少塑料垃圾对海洋的威胁。

## 砗磲

它们通常重约200千克，可以存活100年！传说巨大的砗磲可以吞下整个人，但这不是真的，它们的壳闭合得太慢，因此不会发生这种情况。

## 巴氏海马

这些海马的颜色和它们生活的珊瑚相同。它们通常是紫色和粉红色或黄色和橙色。

你能看
到什么？

长颌带狸

爱氏鹇

冠眼斑雉

# 越南

　　这是越南溪山努尔卡仲自然保护区的一个清晨。茂密的绿色森林覆盖着大地，远处的翡翠山层峦叠嶂，一直延伸到视线所及之处。雾从山谷中升起，蜿蜒的河流在其中若隐若现。白臀叶猴从树梢间探出头向外张望，空气中充满了鸟、青蛙和蝉的鸣叫声。突然，山腰处响起一只雌性长臂猿的吼叫声，接着它的伴侣也叫起来，最后它们的孩子也一起大叫起来。沿山谷再往下走，另一个长臂猿家族也开始回声呼应。很快，森林四面八方都是嘈杂的声音。

## 栖息地

森林、大草原、灌木丛和竹林覆盖了越南一半的土地面积。这里有1500多种树木，比整个美国的树种还要多。溪山努尔卡仲自然保护区里分布着这个国家主要的常绿森林。

溪山努尔卡仲自然保护区的森林中有种类丰富的鸟类，如冠眼斑雉，还有稀有的爬行动物和两栖动物。包括红腿白臀叶猴和南方白颊长臂猿在内的一些濒危动物，也可以在这里找到。

### 坡垒树

这种树开黄白色的小花，有芳香味，可结果。它能产生一种树脂，可用于治疗伤口。

### 树林

这些森林中的冠层可以分为三层。

### 常绿林

常绿林中超过80%的树木不会完全落叶。

### 竹子

它是世界上生长速度最快的植物。

### 网纹蟒

它们是世界上最长的蛇，是一种无毒蛇，而且通常对人类没有危险，尽管有记录说它们会吃人！

### 马来亚穿山甲

它们没有牙齿，它们的食物是靠胃碾碎的。

### 红腿白臀叶猴

它们通过梳理彼此的毛发来建立联系。它们的脸的颜色让它们看起来像化了妆一样。

## 你都发现了吗？

### 长颌带狸

长颌带狸刚出生时体重大约为88克，这和一副纸牌差不多重！这种动物只分布在越南、老挝和中国的少数地区。

## 越南纹兔

它们的尾巴、耳朵和腿都很短，所以它们不擅长跑步。

## 保护者

陈东孝在森林里巡逻，检查视频监控系统，收集有关野生动物的信息。他在早上七点半开始工作，每天步行多达20千米。当需要持续巡逻几天时，他就会在森林里露营，睡在吊床上。

在越南战争期间，炸弹和化学物质对这块土地造成了巨大的破坏。从那时起，伐木活动摧毁了更多的森林。今天，当地组织仍然在非法伐木来出售木材。

## 印支虎

印支虎身上的条纹帮助它融入热带雨林。

## 中南大羚

中南大羚是世界上稀有而神秘的动物之一。它是如此的难以捉摸，以至于它经常被称为"亚洲独角兽"。

## 白颊长臂猿

它通过一边移动一边发出响亮的叫声来标记自己的领地。三千米外都能听到它的吼叫声。

## 你能做些什么？

只购买可持续制造的木制品和纸制品。注意森林管理委员会（FSC）的标志——你可以在这本书的封底找到它。这意味着书中所用的纸张是由生长在管理良好的森林中的树木制成的。

## 爱氏鹇

这种鸟类只在越南中部的低地森林中被发现。据调查，野外的爱氏鹇已不到250只。

## 冠眼斑雉

雄鸟的尾羽只有12根，但这些尾羽最长可达1.8米——比它的身体还要长。

你能看
到什么？

黄花九轮草

橙尖粉蝶

欧亚红松鼠

# 英国

　　秋天的傍晚，英国风筝山上，黄昏慢慢地降临了。山毛榉树在昏暗的夕阳下，像金色的火把一样闪闪发光。森林里只有风吹过树叶的声音和猫头鹰的叫声。突然，林地的地面上传来一阵沙沙声，然后是像猪叫一样的咕噜声，一只刺猬从一堆被树叶覆盖的木头中探出了头。它在灌木丛中寻找甲虫、浆果和蚯蚓——它必须尽快长胖一些，因为它很快就要冬眠了。随着夜幕降临，冷空气加剧了腐烂植物的气味。整个晚上，刺猬都会四处搜寻食物，甚至去很远的地方觅食。它必须时刻保持警惕，因为饥饿的獾很快就会从它们的巢穴中出来了……

## 栖息地

英国的荒野生态包括山脉、荒原、沼泽和海岸。英国的风筝山曾经是一个农场的一部分，但现在它的树林、草地、灌木丛和树篱已经被划作一个自然保护区。

风筝山古老的山毛榉林是濒临灭绝的刺猬、獾及鸟类的家园。茂盛的草地上开满了野花，这对蜜蜂、苍蝇、甲虫、蜘蛛、飞蛾、蝴蝶等无脊椎动物的生存来说至关重要。

### 灌木篱墙

它们是天然的防洪设施。

### 花

夏天的草地上开满野花。

### 野花草地

这里是英国稀有的栖息地之一。草地是草和花的家园，也是昆虫觅食的必要场所。

### 灰林鸮

灰林鸮是一种夜行动物。它的大眼睛能够帮助它在黑暗中寻找猎物。

### 狍

它们的皮毛在夏天是锈红色的，而在冬天会变成暗灰色。

### 赤狐

雄狐通过吠叫进行交流。雌狐的叫声更尖锐一些。

### 熊蜂

熊蜂的翅膀扇动频率每秒超过130次。这有助于摇动花朵，促进它们释放花粉。这被称为"蜂鸣传粉"。

### 倒距兰

为金字塔花序，花色从纯白色到深品红色不等。

# 你都发现了吗？

### 黄花九轮草

这种植物的花闻起来有淡淡的杏子的味道。你可以用它们的花来制茶和泡酒。黄花九轮草常常被制成用于节日装饰的花环。

## 蟾蜍

你可以通过皮肤来区分蟾蜍和青蛙。蟾蜍的皮肤上有疣，但青蛙没有。

## 草兔

当它们试图逃离捕食者时，草兔可以以约每小时72千米的速度奔跑。

## 狗獾

它们的家被称为"塞特斯的地下洞穴"，里面有铺满树叶和草的卧室。它们以家庭为单位生活在一起。

## 蓝冠山雀

这些小鸟通常只有11克重！

由于人类的活动，英国今天只有13%的土地被森林覆盖。野生动物受到威胁的最主要的原因就是栖息地的丧失，如建造房屋和修路。为了促进农业发展，人们还砍掉了许多灌木篱墙和树木。

## 欧洲刺猬

欧洲刺猬的体重可以从0.5千克增加到2千克，因为它们需要积累整个冬天冬眠所需的脂肪。

## 保护者

简·佩因特是一位英国农民。一次伯利兹森林之旅激发了她保护自己身边的自然环境的决心。回到家乡后，她把自己的草地和林地——叫作风筝山——捐赠给世界土地信托基金，这样他们就可以永远守护这片地方，保护野生动物。

## 你能做些什么？

在郊外，敢于冒险和探索新路线可能会很诱人。然而，最好还是走官方的步行路线，这样就可以避免意外地干扰野生动物或无意中破坏土地。

## 橙尖粉蝶

虽然它们的名字叫橙尖粉蝶，但是只有雄性的翅膀尖端是橙色的，而雌性的翅膀尖端是黑色的。

## 欧亚红松鼠

它们是英国本土的松鼠物种。它们已经在那里生活了大约一万年！尽管如此，它们还是不如灰松鼠常见。

# 伯利兹

　　这是里奥布拉沃潮湿雨林的一个清晨。蜘蛛猴一家挂在一棵棕榈树上，大口嚼着水果。一只小蜘蛛猴紧紧地抓着它的母亲，而母亲则用尾巴牢牢地缠绕着树枝。在它们的周围，是一片朦胧的绿色森林。猴子的吼声在树林周围回响，中间还夹杂着一些鸟鸣声。在森林的地面上，一只只紫色或绿色的小蜂鸟在花朵之间穿梭，啜饮着花蜜。一群野猪在灌木丛中抽着鼻子，寻找着食物。还有一只动物正趴在一根树叶茂盛的树枝上，静静地观察着这一切，计划着它的早餐……这是一只美洲豹！

**你能看到什么?**

眼斑土绶鸡

长尾虎猫

黄面鹦鹉

## 栖息地

伯利兹有四分之三的地区被森林覆盖。这个天堂般的地方是中美洲五种野生猫科动物的家园——美洲豹、豹猫、美洲狮、细腰猫和长尾虎猫。

在伯利兹的西北部，里奥布拉沃保护区保护着大片森林和生活在那里的生物。今天，该国近10%的地区受到自然保护，并与巴西和危地马拉的森林相连。

### 章鱼兰

这是伯利兹的国花。它几乎全年开花，生长在树上，而不是生长在地面上。

### 中美貘

这是伯利兹特有的动物。犀牛是它的近亲。

### 露天的天然井

这些洞穴已经完全坍塌了。

### 天然井

天然井是一种坍塌的洞穴，随着时间的推移，它们被地下水和雨水填满。玛雅人相信这是通往魔法世界的大门！

### 尤卡坦黑吼猴

它们是非常吵闹的动物，它们的吼叫可以持续一个小时，就像火车声一样大！

### 黑掌蜘蛛猴

每一只黑掌蜘蛛猴都有着独特的声音。这意味着它们可以识别谁在"说话"。

# 你都发现了吗？

### 眼斑土绶鸡

眼斑土绶鸡目前只在墨西哥、危地马拉和伯利兹被发现。它们天性害羞，雄性和雌性都有独特的叫声——雄性发出"咕咕"声，而雌性则"咯咯"地叫。

## 马米杏

这种树能结出如苹果大小的浆果，人类和动物都喜欢吃。它们的叶子中含有杀虫剂，可以用来保护幼苗免受昆虫的伤害。

## 保护者

有时，非法猎人会故意放火。里奥布拉沃保护区的护林员通常是火灾的第一应对者，所以他们在保护野生动物方面发挥着重要作用。

## 领西猯

它们用中间的两个脚趾行走。它们的其他脚趾着生部位比较高，就像狗爪一样。

乱砍滥伐导致森林被破坏是这里的野生动物面临的最大威胁。而在里奥布拉沃保护区里不允许进行这些活动，但是邻近牧场的火灾可能会蔓延到保护区。

## 蜂鸟

这是地球上最敏捷的鸟类。它们可以每秒拍打翅膀50次以上，甚至在空中停留。它们也是唯一一类能向后飞的鸟。

## 美洲豹

它们可以发出喵喵声、咕噜声和低吼声等不同的声音，但它们也能发出咆哮声。

## 你能做些什么？

野火往往是意外引起的，所以在野外一定要小心用火。永远不要在森林里玩火柴或打火机，一定要看好篝火，在离开之前确保它完全熄灭。

## 长尾虎猫

长尾虎猫非常敏捷，它们的后脚可以旋转180度，这意味着它们是唯一一种可以头朝下爬下树的猫科动物。它们的长尾巴帮助它们保持平衡，大大的爪子帮助它们抓住树木。

## 黄面鹦鹉

吵闹的黄面鹦鹉经常会大叫起来。它们作为宠物非常受欢迎，因为它们能够模仿不同的声音。

你能看
到什么？

林羚　　　　非洲八色鸫　　　　非洲鳍趾鹛（tī）

# 赞比亚

　　早上六点，太阳刚刚升起，卡桑卡国家公园的天空被染成了漂亮的橙粉色。林羚已经在咀嚼雨季第一场雨后长出的新鲜草叶了。突然间，空中满是拍打翅膀的声音和叽叽喳喳的叫声，数以百万计的果蝠从四面八方出现，它们像史前翼龙一样布满了黎明的天空。在经过一夜的觅食后，果蝠开始返回栖息地了，它们一边发出嘈杂的叫声一边挤在一起，在树枝上寻找睡觉的地方。偶尔，树枝在重压下被折断，果蝠跌落在地上，发出尖叫声。最终，它们一只接一只地安定下来，宁静再次降临。

## 栖息地

赞比亚是一片拥有森林、湖泊和洪积平原的土地，这里还有壮观的瀑布。卡桑卡国家公园为濒危的野生动物提供了一个家园，包括林羚、非洲象、非洲水牛，以及蓝猴。

卡桑卡国家公园是濒危动物秃鹳的筑巢和栖息地，也是世界上最大的哺乳动物迁徙之地。每年的10—12月，约有千万只稻草色的果蝠栖息在森林里，以水果为食。

### 植物

这里生长着芦苇等沼泽植物。

### 河流

河流的弯曲部分被称为河曲。

## 泛滥平原

这是河流旁边一片平坦的土地，经常被河水覆盖。泛滥平原的生态系统通常比河流的生态系统更具生物多样性。

### 猪屎豆

全世界至少有600多种猪屎豆，其中至少有500种来自非洲。

### 非洲水牛

它们最大的敌人是狮子。

### 斑马

斑马的条纹使它们在光线不强时，难以被捕食者发现。这种类型的伪装被称为"破坏性着色"。

### 非洲象

它们是世界上最大的陆地哺乳动物。它们必须经常进食，因此需要走很远的距离才能找到足够的食物。

## 你都发现了吗？

### 林羚

这种栖息在沼泽地的羚羊是优秀的游泳者。它们甚至能完全潜在水下，以躲避捕食者。

## 吊瓜树

这种树的果实看起来就像……一根腊肠！每个果实的重量可超过13千克。

## 保护者

本森·布威普和卡拉巴·卡拉萨是卡桑卡国家公园的护林员。他们保护动物不受偷猎者的伤害，并救助那些在陷阱中受伤的动物。这是一项危险的工作，因为大象在感觉受到威胁时会变得有攻击性。

赞比亚的人口正在持续增长，这导致当地组织需要通过砍伐树木来收集蜂蜜和制作木炭作为燃料。

## 青长尾猴

它的尾巴的长度和身体差不多。

## 果蝠

每只果蝠每晚可以消耗两倍于其体重的食物。

## 肉垂鹳

它的肉垂像火鸡，但它的体形像一只小号的火烈鸟。

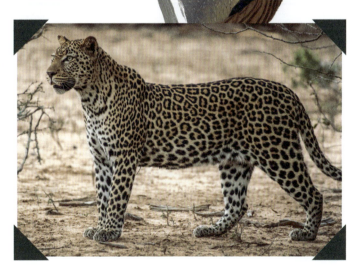

## 非洲豹

它可以跳跃6米长的距离，奔跑速度可达93千米/小时。

## 你能做些什么？

很多人都喜欢看到蝙蝠在夜空中飞舞。所以你可以在你的花园里放一个蝙蝠箱，让这些夜行动物在安全的地方栖息和养育它们的幼崽。

## 非洲八色鸫

这种生性谨慎的鸟喜欢躲起来，它们可以长时间保持静止不动。虽然它的颜色非常鲜艳，但在茂密的森林中很难被发现。

## 非洲鳍趾鹛

它有着鲜亮的橙色的喙、腿和脚，喜欢住在树木茂密的隐蔽地区。它常常会躲起来，而难以被人们发现。

# 危地马拉

　　现在是圣克鲁斯山脉的午夜时分。在潮湿、黑暗的热带雨林中，回荡着蟋蟀的鸣叫声。月亮在头顶上闪闪发光，银白色的光束穿透树冠。在这里，夜行动物开始行动起来了，青蛙从绿树成荫的藏身之处爬出来，寻找配偶，寻找食物，而吸血蝙蝠则在空中飞翔。两个橙色的圆球在黑暗中闪烁——一只小心谨慎的长尾虎猫正在寻找猎物，它像杂技演员一样轻盈地在树枝间跳跃。突然，它发现森林的地面上有一条蛇，刹那间，它头朝下从树干上滑下，扑向猎物……

你能看
到什么?

奇纳溪蛙

绿背棕榈蝮

长肢蝾螈

## 栖息地

危地马拉是一片拥有郁郁葱葱的森林、高耸的火山和古老的玛雅遗迹的地方。这里有多种栖息地，从河流、湿地、红树林和潟湖，到高大的云雾林、干燥的森林和热带雨林。

圣克鲁斯山脉自然保护区是热带雨林中各种各样稀有物种的家园，从特有的蛙类和秃鹫，到甲虫和猫科动物，如敏捷的长尾虎猫。

### 杰氏蝾螈

因为它金黄色的身体，这种蝾螈也被人们称为"金色奇迹"。

### 树

露生层由最高大的树木的顶部组成。

### 可可树

据说危地马拉是巧克力的诞生地。巧克力是由可可树的种子烘烤后制成的。

### 森林地被层

这是热带雨林中最低、最阴暗的地方。

### 吸血蝠

这些蝙蝠通常栖息在洞穴和树洞中。也能在老井、矿井和废弃的建筑中发现它们。

## 热带雨林

热带雨林有高大的树木和大量的降雨。雨林可以分为四层，它们相互联系，所以各种各样的动物和植物都可以生活在那里。

### 红眼树蛙

这种蛙通常是绿色的，能很好地与雨林中的树叶相融合，但它也会根据情绪改变自身的颜色。

### 隆嘴翠鴗

这种鸟喜欢静静地待着，一动也不动，就像雕像一样。

## 你都发现了吗？

### 奇纳溪蛙

这些溪蛙会在晚上出来觅食和交配。如果成功交配，雌性可以在当天晚上产大约150枚卵。

## 小食蚁兽

它们从尾巴底部的一个腺体中释放难闻的气味，以此来吓跑食肉动物。

## 橙胸林莺

这种鸟会从北美地区迁徙到南美地区过冬。

森林砍伐正在深刻影响圣克鲁斯山脉的自然环境。其中大部分土地已被改造成油棕榈种植园和养牛场。危地马拉的其他森林也受到咖啡种植园的威胁。

## 白萼捧心兰

这是危地马拉的国花，它象征着和平、美丽和艺术。

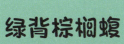

## 科潘溪蛙

这种蛙能够同时快速蹬出两条后腿，进行跳跃。

## 保护者

里卡多·卡尔负责保护危地马拉的热带雨林和湿地保护区。他通过徒步和乘独木舟巡逻，寻找偷猎者和盗伐者。他还与当地组织合作，以保障保护区的未来。

## 你能做些什么？

由于栖息地的丧失(尤其是池塘)，青蛙和蟾蜍的数量正在减少。你可以在你的花园里增加一个小池塘，同时可以避免使用杀虫剂等化学制剂，它们会对两栖动物产生危害。

## 绿背棕榈蝮

这种蛇的头部两侧有颊窝器。颊窝器能感知热量，所以即使在没有光的情况下，它们也能探测到猎物。

## 长肢蝾螈

北美洲、中美洲和南美洲的蝾螈种类比世界其他地区加起来还要多。这种长肢蝾螈在20世纪70年代首次被发现，但直到2014年才再次被人们看到。

# 喀麦隆

在喀麦隆的森林深处，伴随着昆虫和鸟类不断的鸣叫声，还有一种神秘的敲击声和爆裂声在回荡。一片被树木和藤蔓笼罩的森林地面上，散落着破碎的核桃壳，在一棵非洲核桃树高处的粗树枝上，一只雌性黑猩猩正忙活着。它从树枝上摘下一个肥大的绿色核桃，用一块大石头把它砸开，然后把里面的果肉塞进嘴里。它的孩子坐在旁边仔细地看着这一切，然后模仿着妈妈的样子用小树枝敲打坚果。雌性黑猩猩想起了它的孩子，便停下来递给小猩猩一些食物。

## 你能看到什么？

非洲灰鹦鹉

扎伊尔小爪水獭

灰颈岩鹛

## 栖息地

喀麦隆炎热潮湿的气候意味着该国大部分地区都被雨林所覆盖，但是现在这些雨林正变得越来越零散。

登登国家公园保护了许多易危物种。非洲丛林象、黑猩猩、河马、非洲灰鹦鹉以及极度濒危的西部低地大猩猩都在这个公园内栖息。

### 非洲丛林象

它的体形比非洲草原象要小一些，象牙更直，且是向下的。

### 火炬花

这种植物也被称为"火炬百合"，通常生长在沼泽中。

### 地面植被

更多的阳光可以帮助植物生长。

### 树桩

树木在被砍伐后会慢慢地再生。

## 次生林

这是受到人类活动干扰的森林。在这里，树冠提供的覆盖层更少，树木更小，在其中生活的植物和动物也更少。

### 西部低地大猩猩

它们是体形最小的一种大猩猩。它们会筑巢以供自己在晚上睡觉或中午休息。

### 黑猩猩

它们是少数已知的会用树枝和石头作为觅食工具的物种之一。它们非常聪明，也是我们在动物王国里的近亲之一。

## 你都发现了吗？

### 非洲灰鹦鹉

这些鹦鹉被人类大肆捕猎，用于非法的宠物贸易。它们是最聪明的鸟类之一。

### 胡桃树

可可种植园里通常会种植这种树，因为它们可以提供阴凉。

### 保护者

当地居民正帮助在保护区之间建立社区森林和野生动物生态走廊。许多人也开始从偷猎和伐木转向养蜂、木薯种植和养牛等对环境友好的工作。

喀麦隆每年有超过2000平方千米的森林被砍伐，这个面积与西萨塞克斯郡的面积差不多。目前剩下的森林非常分散，这影响了物种的迁徙。

### 河马

这个名字在希腊语中的意思是"生活在河流中的马"。它们的鼻孔和眼睛长在头部上方，使它们可以很好地适应水中的生活。

### 科尔多凡长颈鹿

它们每隔几天只喝一次水，然后从食物中获得身体所需的其余水分。

### 西非鳄

这种鳄鱼多年来常常与尼罗鳄相混淆，但是相比于尼罗鳄来说这种鳄鱼体形更小，性格也更温和。

### 你能做些什么？

树木和森林对人类的健康和幸福至关重要，同时也为野生动物提供了家园。你可以通过植树来保护生态环境和对抗气候变化。

### 扎伊尔小爪水獭

这种水獭喜欢独自生活在山间的溪流和低地的沼泽中。它们是强壮的游泳者，尽管它们在陆地上花的时间比其他水獭要多。它们深色的皮毛可以在沼泽中伪装自己。

### 灰颈岩鹛

它们在洞穴和岩石峭壁上繁殖和筑巢。为了保护巢穴，它们更喜欢在上方有悬垂的岩石、下方靠近季节性河流的位置。

# 阿根廷

　　这是阿根廷巴塔哥尼亚的九月，数百只麦哲伦企鹅正在守卫它们在灌木丛下挖的洞穴，以保护它们的卵不受饥饿的狐狸、骆马及美洲鸵的伤害。在汹涌的海浪间，企鹅喧闹的叫声听起来像是驴叫和鹅鸣的混合体。雄鸟和雌鸟轮流摇摇摆摆地来到海边跳入海水寻找食物。海洋中生活着鲸、海豚和海豹，这里也是它们的家园。埃斯坦西亚埃斯佩兰萨沙滩是巴塔哥尼亚草原与大西洋的交汇处。企鹅们回到它们的出生地孵化和抚养它们的幼鸟。

## 你能看到什么？

巴塔哥尼亚豚鼠

红领带鹀（wú）

达尔文蒲包花

## 栖息地

阿根廷的生境范围，从安第斯山脉的山峰和普纳河的高原，到查科河的低地平原和潘帕斯草原，还有位于南部的巴塔哥尼亚的大面积荒漠。

埃斯坦西亚埃斯佩兰萨保护区是适应该地区强风、极端温度和干燥气候的野生动物的家园。狐狸、企鹅、美洲狮和犰狳都生活在这里，还有一些穴小鸮和其他猛禽等鸟类也有分布。

### 麦哲伦企鹅

它们可以潜到100米深的水下，羽毛上有一层防水的油脂，这可以帮助它们保暖。

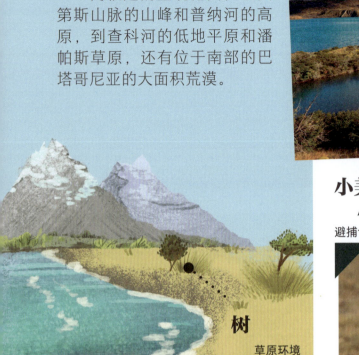

### 树

草原环境中树木稀少。

### 小美洲鸵

小美洲鸵的体形和绵羊差不多大。它们在躲避捕食者时，会以"之"字形路线逃跑。

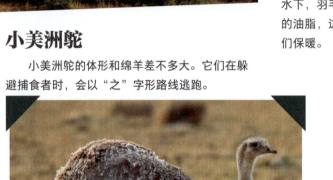

### 南象海豹

这是世界上最大的海豹。雄性的平均体重可达三吨。

### 洞穴

在靠近大海的地方可以发现企鹅的洞穴。

## 荒漠

这里位于海洋和山脉之间。天气又干又冷，全年多风。

### 秃鹰

尽管体形巨大，但秃鹰通常都很胆小。

### 高原肿肋蟾

人们常在温泉里找到这种蛙类。因为温泉可以帮助它们在阿根廷常有的低温环境中存活下来。

## 你都发现了吗？

### 巴塔哥尼亚豚鼠

巴塔哥尼亚豚鼠是一种啮齿类动物，是豚鼠的近亲。它们群居在公共的洞穴里。雌性巴塔哥尼亚豚鼠能够通过气味来识别自己的幼崽。

## 倭犰狳

它们并不常见，因为大部分时间它们都生活在地下的洞穴中，以此来抵御极端的温度。

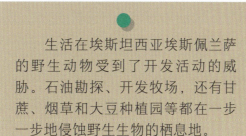

生活在埃斯坦西亚埃斯佩兰萨的野生动物受到了开发活动的威胁。石油勘探、开发牧场，还有甘蔗、烟草和大豆种植园等都在一步一步地侵蚀野生生物的栖息地。

## 保护者

阿克塞尔·库查斯卡在埃斯佩兰萨保护区四处巡逻，驱赶偷猎者，检查监控系统，努力恢复野火蔓延后的植被。一只受伤的秃鹰经过他的救治和照顾后，被放回野外。

## 蓝鲸

它是目前地球上己知最大的动物，体重可达200吨。它的舌头就和一头大象一样重，它的心脏也和一辆汽车差不多重！

## 穴小鸮

它们在地下筑巢，通常使用那些被其他动物挖出来后又被遗弃的洞穴。

## 鸡冠刺桐

鸡冠刺桐是阿根廷的国树和国花。这种植物甚至有属于自己的节日，在每年的11月22日！

## 你能做些什么？

如果要去的目的地距离不远，就不要开车了！我们对石油和其他化石燃料的需求导致自然栖息地被破坏，汽车尾气的排放还会造成空气污染，这会影响人类和野生动物的健康。

## 红领带鹀

这种鸟类在整个南美洲都有分布，它们的叫声会根据它们的生活地点而有所变化。在一些地方，它们发出颤音；在另一些地方，则会发出口哨声；还有一些地方，则会发出两种声音的结合体。

## 达尔文蒲包花

这些植物据说是由著名的英国博物学家查尔斯·达尔文发现的。这些花看起来像橙色的小企鹅。它们非常适应寒冷的气候。

63

你能看
到什么？

蛇颈龟

绿头唐纳雀

箭毒蛙

# 巴西

在巴西东部的瓜皮亚库保护区，一只凯门鳄无声地游过一片湖泊，穿过睡莲叶和芦苇，只有它的头部和背部露出绿色的水面。一只苍鹭像一座雕像般一动不动地伫立在浅滩上，秃鹫在天空中盘旋着。越过这片湿地，翠绿的森林一直延伸到遥远的山顶。一群白鹭掠过湖面，栖息在湖岸边的树上。最终，凯门鳄到达湖中央的一个岛屿，它爬到岸边，吓到了一群正在岸上的水豚。水豚们立刻停止活动，紧张地注视着这位不速之客。

## 栖息地

亚马孙河流域茂密的热带雨林、潘塔纳尔湿地和塞拉多河的干草原，这些生态系统使得巴西成为世界上生物多样性最丰富的国家。大西洋森林是南美洲的第二大热带雨林，它曾经一直延伸到南美洲的东海岸。

瓜皮亚库保护区是大西洋森林的一部分，这里的湿地正在恢复中，种植了许多本地树木。该地区是很多稀有野生动物的家园，包括蜂鸣蛙、颜色艳丽的绿头唐纳雀和绒毛蛛猴。

### 低地貘

在陆地上，它们可以用长鼻子抓取食物，而在游泳时，它们的鼻子又可以当作呼吸管。

### 水豚

它们的牙齿终生都在生长，所以要通过不断地咀嚼植物来磨牙。

### 海洋

这里的森林深受海洋的影响，被称为"高海洋性"。

### 褐喉三趾树懒

它们每天可以睡20个小时！它们有长长的爪子，可以挂在树枝上。

### 海岸雨林

这种栖息地只存在于受海洋影响较大的地方。海岸雨林的温度全年变化不大，而且降水量也很高。

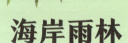

### 白鹭

白鹭的脖子比它的身体还要长。

## 你都发现了吗？

### 蛇颈龟

它们是巴西东南部大西洋森林的特有物种，生活在寒冷的高地河流和溪流中。它们喜欢沐浴在温暖的阳光下，所以它们需要在茂密的热带雨林中寻找有阳光照射进来的地方。

## 绒毛蛛猴

绒毛蛛猴的手和尾巴都可以抓住树枝，它们的行动非常敏捷。

## 蜂鸣蛙

这种蜂鸣蛙是巴西的特有物种。它的名字来自雄性在繁殖季节发出的蜂鸣般的叫声。

大西洋森林是世界上被破坏最严重的森林地区之一。其中大部分地区已被用作农业和牧场，牛群放牧导致水流冲刷，污染了当地径流水质。

## 托哥巨嘴鸟

当它们睡觉的时候，它们会把喙放在自己的背上，然后把尾巴折叠起来盖住自己的头。

## 蓝嘴黑顶鹭

这种鸟的喙以及喙与脸的连接部分呈蓝色。

## 眼镜凯门鳄

如果环境变得太恶劣，它们会钻进泥里蛰伏起来——这是一种休眠方式。

## 保护者

当地人在保护区的树木苗圃里工作。他们从森林里收集种子，然后在苗圃里培育这些种子。之后，他们会种植这些幼苗，用本地树种重新绿化裸露的牧场。

## 你能做些什么？

秋天是采集诸如橡子等树木种子的最佳时机。你可以把它们培育成幼苗，然后将这些幼苗种植到树林里。由当地种子培育出来的树苗非常适合当地条件，如土壤、气候和季节等环境条件。

## 绿头唐纳雀

这种鸟的颜色非常艳丽——它们的羽毛通常有六种不同颜色！其他类型的唐纳雀有复杂的叫声，但绿头唐纳雀只会发出"叽叽喳喳"的叫声。

## 箭毒蛙

箭毒蛙的皮肤不仅没有保护色，而且颜色非常鲜艳，以此用来警告其他动物它们很危险。它们的皮肤会分泌毒液，可以麻痹甚至杀死捕食者！

# 哥伦比亚

正午的阳光直射在马格达莱纳河上，一个渔民正在为家人准备晚餐。沿河岸生长的红树林为他的船遮挡了灼热的阳光。不远处，一只海龟正趴在一根漂浮的木头上。突然，渔夫发现水下有一个巨大的黑影朝他游过来，他一动也不敢动。会是鳄吗？不一会儿，一个灰色的鼻子露出水面，深深地吸了一口气，然后又沉了下去。渔民松了一口气，笑了起来。原来是一头海牛！他还看到这头海牛的幼崽也在它身边游着。海牛妈妈将它的幼崽轻轻地推起来，帮助它们浮上水面呼吸，然后它们一边啃食着河床上的水草，一边游着离开了。

你能看到什么？

罗氏无趾蟾

金箭毒蛙

马格达莱纳侧颈龟

## 栖息地

哥伦比亚有山脉、红树林沼泽、沙漠灌木丛、热带大草原和热带雨林。境内主要河流是马格达莱纳山谷中的马格达莱纳河。

埃尔锡伦西奥保护区是一片原始的雨林和湿地。这里是大大小小的生物的家园，包括美洲虎和生活在水域中稀有的罗氏无趾蟾、海龟、食人鱼、鳄鱼和电鳗等。

### 热带的树

红树林不能在低温环境下生存，只能生长在赤道附近。

### 白额卷尾猴

人们发现它们会制作和使用工具，比如用树叶做成杯子。

### 黑颈叫鸭

这是一种涉禽，但是它们更喜欢生活在陆地上。

### 电鳗

电鳗不能在水下呼吸，所以它们必须浮出水面呼吸空气。

### 河苔草

这种水生植物只生长在哥伦比亚的卡诺-克里斯塔勒斯河流域。每年有几个月的时间，河床的颜色会呈现红、黄、绿、蓝、黑等颜色，异常壮观。

### 树根

鱼类可以躲藏在红树林的根部，以躲避捕食者。

## 红树林

红树林是由生活在水和陆地之间的树木组成的。它们很容易识别，这些树的树根十分引人注目。

### 美洲鳄

美洲鳄的性别是由它们的卵孵化时的温度所决定的，温度较低时孵化出来的幼体为雌性，而环境温度较高时孵化出来的幼体则是雄性的。

## 你都发现了吗？

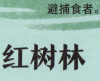

### 罗氏无趾蟾

这种蟾蜍看起来有点儿像香肠，是哥伦比亚特有的两栖动物。它们没有听觉，也不会发出任何声音。

## 鬼网

它们不像著名儿童文学作品中的同名植物那样会缠住接近它们的人。然而，它们具有很强的毒性。它们被当地居民用来举行神圣的仪式。

## 保护者

来自当地村庄的志愿者已经被训练为"海龟守护者"。在繁殖季节，他们会在海滩上巡逻，以保护海龟卵不受游客和偷猎者的伤害。他们还在学校和社区中开展活动，帮助人们提高环境保护意识。

畜牧业已经取代了原来大部分的原始森林。棕榈树种植园和采矿业也在破坏当地自然栖息地，并严重污染了环境。

## 红腹锯脂鲤

这是一种淡水鱼，它们生活在河流和湖泊中。

## 白足狨

它们的大部分时间都在森林中的树冠上度过。

## 蓝嘴凤冠雉

当它们第一次被发现时，蓝嘴凤冠雉被命名为"阿尔伯特王子凤冠雉"，以纪念维多利亚女王的丈夫。

## 佛罗里达海牛

它们通常被称为"海牛"。它们可以在水下停留20分钟，然后再浮上来呼吸空气。

## 你能做些什么？

你可以在商店里购买一些普罗茶和咖啡。购买当地的产品有助于为哥伦比亚的保护项目提供资金，并确保当地种植者能够获得公平的报酬。

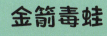

## 金箭毒蛙

它们被认为是地球上毒性最强的脊椎动物！每只金箭毒蛙体内的毒素足以杀死10个人。

## 马格达莱纳侧颈龟

它们只生活在淡水中，喜欢在原木上晒太阳。它们会吃掉落的果实、种子、植物、昆虫和贻贝、蜗牛等水生无脊椎动物。

# 厄瓜多尔

在厄瓜多尔乔木森林的高处，一个巨大的巢穴坐落在一棵高耸的巴西坚果树的树枝上。这个巢穴很大，足以让一个成人睡在里面，巢里有一只毛茸茸的白色雏鸟。它的母亲是一只角雕，此时正栖息在附近的一根树枝上，凝视着森林下方。它们筑巢的树是这一带最高的一棵，耸立在一丛丛色彩斑斓、形态各异的叶冠之上，其中就包括像花瓣一样张开的棕榈树。当角雕终于发现一只树懒正懒洋洋地啃着树叶时，它便从树枝上猛然俯冲下来，以闪电般的速度扑向猎物。

## 栖息地

厄瓜多尔横跨安第斯山脉的一部分,还占据了亚马孙河流域的一部分。沿着海岸的乔木森林位于太平洋和安第斯山脉之间。

厄瓜多尔生态系统的多样性使其成为世界上生物多样性极为丰富的国家,拥有成千上万的鸟类和植物物种。

### 树

林木线是树木能够生长的栖息地的边缘。

### 山脉

雪线是有永久积雪的最低点。

### 蜜熊

它们通常吃水果和昆虫,它们也会搜刮蜂巢,用它们又长又细的舌头吮吸蜂蜜,这就是它们名字的由来。

### 卡地木兰

最近在厄瓜多尔发现了木兰属植物,且目前只发现了三棵。

### 安第斯神鹫

安第斯神鹫是南美洲最大的飞禽。它们也是世界上翼展最长的猛禽,翼展超过三米。

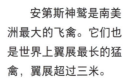

### 美洲角雕

雌性角雕几乎是雄性角雕的两倍大。

### 帕拉莫

帕拉莫是一个灌木丛生态系统,分布在林木线和雪线之间的高海拔地区。它对向当地社区供水非常重要。

## 你都发现了吗?

### 角囊蛙

它们生活在森林中的树冠上,它们也喜欢靠近水域。雄蛙从高高的树上发出响亮的叫声。这种蛙科动物曾一度被认为在厄瓜多尔已经灭绝,直到2018年它们被重新发现。

## 乔科巨嘴鸟

它们的喙看起来很重，但实际上是中空且轻巧的。

## 保护者

福斯托、路易斯、圣地亚哥和耶稣·雷卡尔德是四兄弟，他们都是护林员。在经历了糟糕的雨季和山体滑坡摧毁了房屋和道路之后，他们不得不清理倒下的树木，重建进入塞罗烛台保护区的道路。

### 微雨蛙

这种雨蛙比我们拇指的指甲盖还小。

在厄瓜多尔，对野生动物的最大威胁是人口增长带来的栖息地丧失。人们正在砍伐森林，开发牧场和农场，用来种植香蕉和甘蔗等农作物。

## 棕头蜘蛛猴

与其他蜘蛛猴不同的是，棕头蜘蛛猴没有任何白色的斑纹。

### 蝎尾蕉

这种植物也被称为"鹦鹉花"，因为其叶子看起来很像鹦鹉的喙。

### 霍氏二趾树懒

它们移动得很慢，皮毛上常常有藻类生长。这也带给它们一种保护色，帮助它们更好地融入森林环境。

## 你能做些什么？

在世界范围内，为人类生产的食物中，大约有三分之一被浪费了。这消耗了大量的水和能源等自然资源，并导致了气候变化。你可以在下次购物之前吃完你所有的食物；吃饭时要做到"光盘"；将过熟的香蕉做成香蕉面包，否则这些食物就会被浪费！

## 潘帕斯猫

它们看起来很像一种大型家猫。潘帕斯猫皮毛的颜色因其分布领域而不同。在安第斯山脉的高处生活的种群，皮毛通常是灰色的，毛发较长，在阿根廷生活的种群则呈黄棕色。

## 白颈锥尾鹦鹉

这些锥尾鹦鹉通常在树木间成群地飞来飞去。它们需要摄入矿物质来帮助它们消化食物，它们可以从悬崖表面的黏土中获得这些矿物质。

# 玻利维亚

在玻利维亚北部的贝尼大草原上，一个森林覆盖的小岛生气勃勃，到处是震耳欲聋的嘎嘎声。墨绿色的棕榈树看上去像是镶嵌了绿色和金色的宝石。五十多只金刚鹦鹉——许多是成双成对的——在树上进食肥美的果实，一些棕榈种子从它们喧闹的树梢盛宴处掉落到地上，一只野猪正在地面上野餐。现在是雨季，曾经绵延数百千米的金色草原，现在变成了散布的一片片森林岛屿。在这里，巨型食蚁兽搜寻白蚁为食，四处游荡的狼在黄昏时大声号叫，美洲虎悄悄地跟踪猎物。

**你能看到什么?**

鸡尾霸鹟

花脸雀

凯氏食螺蛇

## 栖息地

玻利维亚有三分之一的国土位于安第斯山脉，其余部分则是低地平原、大草原、沼泽和热带森林。贝尼大草原的面积是葡萄牙的两倍大，可分为几种栖息地类型，包括热带草原、森林岛屿和沼泽湿地。

巴巴·阿祖尔自然保护区保护着世界上仅存的蓝喉金刚鹦鹉和其他神奇的野生动物。

### 树

这里的蒙塔库棕榈树的树龄为60～90岁。

### 巴巴苏棕榈

巴巴苏油来自巴巴苏棕榈树上的坚果。这种树的果实可以用于制作化妆品，它的叶子被用来制作屋顶和纸张。

### 白唇西猯

它们成群结队地生活着。一群白唇西猯的数量可达300只。

### 水豚

它们可以在水下停留五分钟。当它们需要躲避捕食者时，这将派上大用场！

### 玻利维亚河豚

它们的粉色皮肤来源于它们所吃的藻类。它们非常活泼，甚至会仰泳！

### 森林岛屿

这些"岛屿"是由降雨和从安第斯山脉融化的雪淹没大草原而形成的。

## 你都发现了吗？

### 鸡尾霸鹟

这种安静的鸟儿几乎不会发出任何声音。它们捕猎的方式之一是突袭：它们会在半空中迅速抓住猎物，然后把它们带回栖木上吃掉。

## 猴尾柱

猴尾柱的刺看起来像毛发，但要小心——它们还是挺扎手的！这些植物依靠空气中的水分生存下来。

## 保护者

米格尔·马丁内斯和耶稣·阿劳兹是护林员。他们的工作职责之一是建造和维护防火设施。防火屏障有助于防止火势蔓延，以防止火灾造成更多的破坏。

热带草原是世界上受威胁最严重的栖息地之一。在南美洲，大草原生态系统不断承受着人类经济发展的压力，这些草原在逐渐被改造成大规模的大豆农场和牧场。

## 原驼

原驼幼崽出生后不久就能奔跑。母原驼和幼崽经常发出"嗡嗡"的叫声来互相联系。

## 栎铃木

这种树的花色有白色、粉红色、淡紫色和红色等。它以防火而闻名，其耐火性相当于混凝土和钢材。

## 蓝喉金刚鹦鹉

人们曾认为这种鸟类已经灭绝，直到1992年才重新发现它们的存在。但现在，据估计，在野外只剩下250～300只了。

## 林鸮

它即使闭着眼睛，也能感觉到周围物体的运动！

## 你能做些什么？

肉类和乳制品行业对环境污染、气候变化和森林砍伐有显著的影响。在生产肉类的过程中，人们消耗了大量的宝贵土地和庄稼来饲养动物。为了减少这种影响，可以尝试减少食用肉类和乳制品。

## 花脸雀

鸟的喙有两部分。顶部称为上喙，底部称为下喙。花脸雀有亮黄色的下喙。

## 凯氏食螺蛇

这些无毒的蛇是以它们的食性命名的。它先用长长的牙齿咬住柔软的肉，然后用下颚的牙齿把螺类从壳里拉出来。

你能看
到什么？

双角犀鸟　　冠毛猕猴　　疣柄魔芋

# 印度

　　在印度南部的西高止山脉，一头小象在季风雨后被困在了淤泥里。它只有几天大，还走不稳呢。听到小象焦急的叫声，象妈妈停在了它的身边，用象鼻裹住小象的肚子，然后轻轻地把它拉了出来。其余的象群成员——六头雌象及它们的幼崽正在等待着。看到一切都好，雌性首领发出响亮的嗥叫，它们又出发了，缓缓地穿过森林。一只特大的松鼠飞快地爬上树，像一道紫红色的光闪过，以躲避象群皱巴巴的大脚。

## 栖息地

也许你很难相信，众多独特的栖息地竟然可以存在于同一个国家中。喜马拉雅山脉——世界上最高的山脉——以及地球上降雨量最多的地方都可以在这里找到。

蒂鲁内利—库德拉科特野生动物生态走廊对于连接分散的栖息地至关重要。印度是世界上亚洲象数量最多的国家，这里也是狮子和老虎共同生活的地方。

### 旱季

树木开始落叶。

### 雨季

树叶开始重新生长。

### 季雨林

这种森林有很长的旱季，会持续六个月甚至更久。接下来是下大雨的季节。

## 豺

它们也被称为"吹口哨的狗"，因为它们在聚集群体时会发出口哨般的叫声。

### 印度花豹

它们身上的黑色斑点比其他豹亚种大一些。

### 印度野牛

雄性印度野牛通过"唱歌"来引起雌性的注意。它们唱的时间越长，声音就会越低。

### 印度巨松鼠

它们是地球上最大的松鼠！它们不会把坚果和种子储存在地下，而是藏在树梢上。

# 你都发现了吗？

## 双角犀鸟

这种犀鸟在树洞里筑巢。雌性犀鸟产蛋后，会用泥巴和小树枝堵住洞口，把自己和蛋都封在洞里，仅留下一个小口，以保证巢穴的安全。雄性会通过这个小口喂养洞里孵蛋的雌性。

## 莫氏山矾

这种最近发现的植物会开白色的花，通常在夜间开放。新的野生生物物种一直在被发现！

## 保护者

印度的许多村庄都装有大象预警系统。护林员会追踪象群的活动，他们会向象群要经过的区域的人们发送信息。这减少了大象与人之间发生冲突的概率，防止人或大象意外受伤或死亡。

人类是这里的野生动物最大的威胁。大象因象牙被偷猎，老虎会被偷猎以获取皮毛、制成药品，或者作为宠物饲养。

## 孟加拉虎

孟加拉虎是大型猫科动物中体形最大的一种。其他的大型猫科动物有狮子、美洲虎、豹子和雪豹。孟加拉虎可以长到三米长。

## 榕树

榕树的树枝上会长出许多气生根。这看起来像是有很多棵树，而实际上，它只是一棵树。

## 亚洲象

通常6～7头有亲缘关系的雌象结成群体生活，体形最大的是它们的首领。雄象则独自生活。

## 你能做些什么？

永远不要购买用野生动物制成的产品，比如象牙。没有买卖，就没有杀害。

## 冠毛猕猴

在人类居住地附近经常可以看到这种猴子。它们会从房屋、市场，甚至寺庙中偷取食物。

## 疣柄魔芋

疣柄魔芋会散发一种难闻的气味。当它们开花时，会产生热量。它们散发的热量和气味吸引苍蝇前来为它们授粉。

# 巴拉圭

　　在巴拉圭查科地区，夜幕降临，黑暗中昆虫们嗡嗡地齐声合唱。白天热得像火炉一样，但现在很快就凉快下来。粉红色的地面上，尘土飞扬，洞口探出一个鼻子。一只犰狳从洞穴里爬出来，四处嗅着。似乎闻到什么气味，它开始在仙人掌和刺状凤梨属植物间穿梭。一条黑红相间的蛇迅速地潜入茂密的灌木丛中，以免成为其他动物的晚餐。但它今晚不必担心——犰狳已经有其他计划。它来到一个高高的干泥堆前，用尾巴和后腿支撑平衡，便开始用它凶猛的前肢挖土。橙色的白蚁像火山喷发一样从泥土中蜂拥而出，犰狳用它长长的舌头不停地舔食。

你能看
到什么？

绿锦蛇

白耳蓬头鴷

小斑虎猫

## 栖息地

巴拉圭有多种生态系统，从查科地区的干旱森林和草原，到潘塔纳尔的沼泽和湿地。查科地区是一个干燥、平坦、人口稀少的地区，被称为最后的大荒野。

查科-潘塔纳尔保护区是生物多样性研究的热点地区。成千上万的候鸟在这里停留，该保护区也是"三大巨兽"——大食蚁兽、大犰狳和巨獭的家园。

### 珊瑚蛙

它们住在洞穴里，晚上出来捕猎。它们的猎物是小型青蛙。

### 阿根廷象龟

阿根廷象龟是体形中等的龟类动物，但它现存的近亲是加拉帕戈斯象龟——世界上最大的龟之一！

### 植物

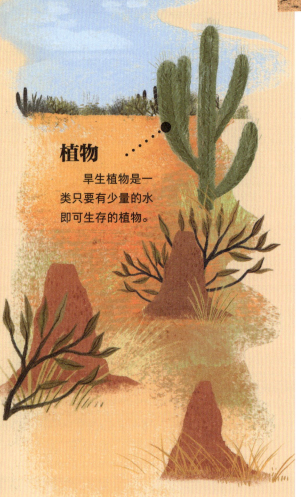

旱生植物是一类只要有少量的水即可生存的植物。

### 珊瑚蛇

大多数珊瑚蛇的表皮有三种颜色。

### 大食蚁兽

它们用指关节及弯曲的趾行走。它们并不是唯一会这样行走的动物——大猩猩也这样做。

## 干燥的查科

干燥的查科地区全年只有少量的降雨。这里的森林是长有仙人掌、草和灌木的灌木林。

### 大犰狳

它们生活在热带稀树草原或靠近水的森林里。当害怕的时候，它们会钻进最近的洞穴或试图在地下挖洞。

## 你都发现了吗？

### 绿锦蛇

和大多数爬行动物一样，绿锦蛇也是卵生的。雌性会下蛋，胚胎在蛋内发育，而不是像人类胚胎那样在母体内发育。

### 查科林鸮

它们的叫声更像青蛙的"呱呱"声，而不是你可能想到的轻柔的"咕咕"声。

### 保护者

卢尔德·马托索是巴拉圭查科-潘塔纳尔地区的一名护林员，那里是干旱森林与湿地的交汇处。她拍摄野生动物的照片，以便添加到正在建立的物种名录中。她还设置和管理监控，并负责维护小径。

为放牧和种植大豆而进行的土地开发是对野生动物生存的最大威胁。查科地区是世界上森林砍伐率最高的地区之一。这里平均每天有1500个足球场那么大的森林被摧毁。

### 鬃狼

鬃狼的脖子上有一簇鬃毛，当它感觉到危险时就会直立起来。

### 美丽异木棉

它们有着膨大的树干，能够在干燥的查科地区保存水分。

### 阿氏夜猴

虽然它们被称为夜猴，但是它们无论白天还是晚上都很活跃。

### 你能做些什么？

大部分生长在查科河流域的大豆都用来喂猪、牛和鸡，作为我们的食物来源。该地区的森林砍伐对气候变化产生很大影响。你可以通过少吃肉类和乳制品来帮助保护环境，哪怕只是一周减少一次。

### 白耳蓬头䴕

这种鸟的尾巴比较短，它们的头相对于身体来说显得很大。它们是"坐等静候"型捕食者，通过突然袭击来抓住猎物。

### 小斑虎猫

它们的名字来源于身上的虎纹花斑。然而，一些雄猫完全是黑色的。它们生活在森林较密集的地区。小斑虎猫是游泳健将，这对其他种类的猫科动物来说不同寻常。

# 术语表

你在阅读的过程中发现什么新词了吗？可以使用这个术语表来了解它们的含义。

**濒危**
形容物种有灭绝的危险。

**捕食者**
捕食其他动物的动物。

**哺乳动物**
一类脊椎动物，其幼崽由母体分泌的乳汁喂养长大。

**食草动物**
通常只吃树叶等植物的动物。

**传粉**
昆虫等动物传播花粉。

**雌性首领**
领导一个群体的雌性动物。

**淡水**
任何自然存在且其中不含很多盐分的水体，如河流、湖泊、地下水。

**毒液**
动物在咬人或蜇人时释放的毒性分泌物。

**伐木**
采伐树木。

**非法贩卖**
对受保护的动植物的偷猎和交易。

**浮游生物**
在水中被潮汐或水流携带着移动的生物体。

**冠层**
森林的第二高层。这里有茂密的叶子和树枝，保护下层的森林免受暴雨、强烈的阳光和狂风的侵袭。

**化石燃料**
由死去的动物和植物在地下分解形成的物质。人类通过燃烧化石燃料来获得能量。天然气是一种化石燃料，可用来烧水、做饭等。

**环境保护**
保护世界上的自然资源和生态环境。

**脊椎动物**
有脊椎的动物。

**径流**
在陆地上有固定渠道流动的水流。

**矿物质**
地壳中自然存在的化合物或天然元素。

**两栖动物**
在水中或潮湿的环境中生存的小型脊椎动物。

**猛禽**
以肉食性为主的掠食性鸟类的统称。

**灭绝**
形容物种已不复存在。

**木薯**
一种有坚果味道，看起来很像红薯的根茎类蔬菜。

**爬行动物**
变温的脊椎动物。

**栖木**
鸟类停留、休息的树木。

**栖息地**
动物、植物和其他生物体生存的地方。

**迁徙**
动物为了觅食或繁殖从一个地方迁移到另一个地方，通常在季节变化的时候进行。

**肉食动物**
吃其他动物的动物。

**生态系统**
一个地理区域内的所有生物和非生物物质及能量的总和。生态系统有生命部分，如植物和动物；还有非生命部分，如岩石和气候。

**生物多样性**
简单地说，指在某一地区生存的全部生物物种。

**树脂**
植物分泌的一种厚厚的黏性液体，植物在受伤时可用来保护自己。

**碎片化**
一些很大且连续的东西被分解成更小且独立的部分。

**特有的**
只能在某个地方才能被找到的植物或动物。

**偷猎**
非法狩猎或非法捕获野生动物。

**无脊椎动物**
没有脊椎的变温动物。

**物种**
一种生物。

**休眠/蛰伏**
动物或植物为了在困难的自然条件下生存下来，进入睡眠状态。

**藻类**
一类生活在水中，可以进行光合作用的生物。

**种植园**
通常只种植一种作物的大型庄园。

# 动物名录索引

## 无脊椎动物

奇纳溪蛙
52—53, 54

 蟾蜍
43

 科潘溪蛙
53, 55

 珊瑚蛙
86

 高原肿肋蟾
62

 金箭毒蛙
69, 71

 角囊蛙
72—73, 74

 杰氏蝾螈
53, 54

 长肢蝾螈
53, 55

 罗氏无趾螈
68—69, 70

 箭毒蛙
64, 67

 红眼树蛙
53, 54

 微雨蛙
75

## 鸟类

 非洲鳍趾鹛
48, 51

 非洲灰鹦鹉
56—57, 58

 非洲八色鸫
48, 51

 美洲火烈鸟
9, 11

 胡兀鹫
21, 22

 须林鹑
16—17, 19

 花脸雀
76—77, 79

 橙胸林莺
52, 55

 蓝嘴凤冠雉
71

 蓝喉金刚鹦鹉
76, 77, 79

 蓝冠山雀
41, 43

 蓝冠锥尾鹦鹉
8—9, 11

 瑰喉蜂鸟
18

 穴小鸮
63

 秃鹰
60—61, 62—63

 蓝嘴黑顶鹭
64, 67

 查科林鸮
85, 87

 乔科巨嘴鸟
73, 75

 鸡尾霸鹟
76—77, 78

 林鸱
79

 冠眼斑雉
36—37, 39

 非洲冕雕
24—25, 27

 爱氏鹇
36, 39

 绿巨嘴鸟
16, 19

 蓝胸佛法僧
21, 23

 双角犀鸟
80, 82

 绿头唐纳雀
64, 67

长颌带狸
36—37, 38

潘帕斯猫
72—73, 75

巴塔哥尼亚豚鼠
60, 62

领西猯
45, 47

平原斑马
24, 26

长鼻猴
12, 15

美洲狮
17, 18

倭犰狳
63

赤狐
40, 42

红吼猴
29, 30

红腿白臀叶猴
36, 38

欧亚红松鼠
40, 43

狍
40, 42

中南大羚
36, 39

林羚
48, 50

南方飞鼠
16, 18

库岛细长鼻蝠
11

眼镜熊
29, 31

马来熊
14

马来云豹
14

马来亚穿山甲
37, 38

小食蚁兽
55

跗猴
35

吸血蝠
52—53, 54

西部低地大猩猩
56—57, 58

白颊长臂猿
37, 39

白足狨
68, 71

白额卷尾猴
68, 70

白唇西猯
76—77, 78

绒毛蛛猴
67

尤卡坦黑吼猴
46

斑马
50

## 海洋哺乳动物

蓝鲸
60—61, 63

玻利维亚河豚
78

儒艮
33, 35

南象海豹
60, 62

佛罗里达海牛
69, 71

# 致谢

英国DK出版社对以下人员致以诚挚的谢意：丹·布拉德伯里、艾玛·道格拉斯、何塞·罗霍·马丁，以及世界土地信托基金团队的其他成员，感谢他们耐心的指导和提供相关野生生物的知识。

## 图片提供者

### 感谢以下人员及组织为本书提供图片：

6 Getty Images: Eamonn M. McCormack (tr). 7 World Land Trust: Roberto Pedraza, GESG (br). 10 Alamy Stock Photo: Urs Fleler (tc); Olga Sapegina (c); Konrad Wothe (bc). Getty Images / iStock: twildlife (crb). 11 Alamy Stock Photo: Arco / TUNS (bl); Brian Jannsen (cl); Janet Horton (cb). Shutterstock.com: Somyot Mali-ngam (bc). World Land Trust: Asociacin Civil Provita (tc). 14 123RF.com: Narupon Nimpaiboon (bc). Alamy Stock Photo: Agefotostock / Juan Carlos Muoz (tc). Dreamstime.com: Petr Maek / Petrmasek (cb). World Land Trust: HUTAN (cr). 15 Alamy Stock Photo: blickwinkel / F. Teigler (bc); Zoonar GmbH / Nikolai Sorokin (bl). World Land Trust: David Bebber (tc); Kjersti Joergensen / Shutterstock.com (cl). 18 Alamy Stock Photo: John Cancalosi (tc); Mark Conlin (cra); David Havel (cb). naturepl.com: Claudio Contreras (bc). 19 Alamy Stock Photo: Dennis Binda (cb); David Chapman (cla); Horst Lieber (bl). naturepl.com: Roland Seitre (bc). World Land Trust: Roberto Pedraza, GESG (tc). 22 Alamy Stock Photo: funkyfood London - Paul Williams (bc). Getty Images / iStock: E+ / agustavop (tc). Getty Images: Londolozi Images / Mint Images (crb). World Land Trust: Gor Hovhannisyan / FPWC (c). 23 Getty Images: Raimund Linke (cla). World Land Trust: David Bebber (tc); William Gray (cb); Gareth Goldthorpe (bl). 26 Alamy Stock Photo: Krys Bailey (bc). Dreamstime.com: Volodymyr Byrdyak (tc). Getty Images / iStock: GomezDavid (cb). 27 Dreamstime.com: Nico Smit / Ecophoto (cla); Spaceheater (bc). World Land Trust: A. Buonajut (cb); Nature Kenya (tc); FLPA / Neil Bowman (bl). 30 Alamy Stock Photo: John Warburton-Lee Photography / Nigel Pavitt (tc); Micha Klootwijk (cra); Francesco Puntiroli (bc). 31 Alamy Stock Photo: Ryan M. Bolton (bc); Nature Picture Library / Kevin Schafer (cb); imageBROKER / Thomas Vinke (bl). World Land Trust: NCP (tc); Steve Snchez (cla). 34 Alamy Stock Photo: Toby Gibson (tc); Dray van Beeck (bc). Dreamstime.com: Donyanedomam (cra); Shane Myers (bc). 35 Alamy Stock Photo: WaterFrame_tat (bl). Dorling Kindersley: David Peart (clb); Linda Pitkin (bc). Getty Images / iStock: davidevison (cl). World Land Trust: Toby Gibson (tc). 38 123RF.com: Chaovarut Sthoop / kungverylucky (crb). Alamy Stock Photo: Ch'ien Lee / Minden Pictures (bc); Alison Teale (tc). Getty Images / iStock: 2630ben (c). 39 Alamy Stock Photo: naturephotos8 (cla). Dreamstime.com: Edwin Butter (c); Galinasavina (bl). Shutterstock.com: Galina Savina (bc). World Land Trust: David Bebber (tc). 42 Dreamstime.com: Urospoteko (c). World Land Trust: Gwynne Braidwood (bc); Mary Tibbett (tc); Sylvia Fresson / www.seeing.org.uk (cr). 43 Alamy Stock Photo: Martin Hughes-Jones (bl); Tierfotoagentur / K. Luehrs (cb). Dorling Kindersley: Sean Hunter Photography (cl). Dreamstime.com: Thomas Langlands (bc). World Land Trust: Audrey Welsh (tc). 46 Alamy Stock Photo: Arco / G. Lacz (cr); Alfredo Matus (tc); Kerry Hargrove (cb); Ray Wilson (bc). 47 Alamy Stock Photo: Claudio Contreras (bc); JPTenor (cl). World Land Trust: Enrique Aguirre / Shutterstock (cb); WLT / Christina Ballinger (tc); Erni / Shutterstock (bl). 50 123RF.com: Maurizio Giovanni Bersanelli (c). Alamy Stock Photo: Penny Boyd (bc); Nick Garbutt (tc). Dreamstime.com: Ecophoto (crb). 51 Alamy Stock Photo: Nigel Dennis (bc). Dreamstime.com: Lauren Pretorius (cb). naturepl.com: Bernard Castelein (cl). Shutterstock.

com: feathercollector (bl). World Land Trust: David Bebber (tc). 54 Dreamstime.com: Pedro Campos (cb); Softlightaa (tc). naturepl.com: Barry Mansell (cr). World Land Trust: Carlos Vsquez Almazn (bc). 55 Alamy Stock Photo: FLPA (cb). Dreamstime.com: Linnette Engler (cla). inaturalist.org: Wouter Beukema (bc). World Land Trust: FUNDAECO Archive (tc). 58 Alamy Stock Photo: Steve Bloom (bc); Roger de La Harpe / Biosphoto (cra); Clement Philippe (bc). Shutterstock.com: Anastasia Leonidova (bc). 59 Alamy Stock Photo: Max Allen (bl); eddylush (cl). Dreamstime.com: Happyshoot (c). Getty Images: Cagan Hakki Sekercioglu / Moment (bc). World Land Trust: Deng Deng National Park (tc). 62 Alamy Stock Photo: Chris Stenger / Buiten-Beeld (c); Michele Falzone (tc); James Caldwell (crb). Dreamstime.com: Davemhuntphotography (bc). 63 Alamy Stock Photo: J M Barres / agefotostock (bc); WaterFrame_fba (c); David Tipling Photo Library (bl). World Land Trust: Leandro Legarreta / FPN (tc); Scott Guiver (clb). 66 Alamy Stock Photo: Helissa Grndemann (tc); Octavio Campos Salles (bc). Daniel Zupanc: (cra). 67 Dorling Kindersley: Thomas Marent (bc). World Land Trust: Pepe Cartes (cb); Alan Martin (tc); Lee Dingain (bl). 70 123RF.com: Jiri Hrebicek (cb). Alamy Stock Photo: Pete Oxford / Minden Pictures (cra); Jess Kraft / Panther Media GmbH (tc). World Land Trust: Mauricio Rivera Correa (bc). 71 Alamy Stock Photo: Azoor Wildlife Photo (cb); Nature Picture Library (cla). Shutterstock.com: Guillermo Ossa (bc). World Land Trust: ProAves (tc, bl). 74 Alamy Stock Photo: David Tipling Photo Library (cr); Pete Oxford / Minden Pictures (c). Shutterstock.com: Ecuadorpostales (tc). World Land Trust: Sarah Barton (bc). 75 Alamy Stock Photo: Ignacio Yufera / Biosphoto (cla); Glenn Bartley / All Canada Photos (bc). Dreamstime.com: Brian Magnier (cb). naturepl.com: Agustin Esmoris (bc). World Land Trust: Nigel Simpson (tc). 78 Alamy Stock Photo: Amazon-Images (c); Michael Evershed (cr); Glenn Bartley / All Canada Photos (bc). World Land Trust: Asociacin Armona / Bennett Hennessey (tc). 79 Alamy Stock Photo: Glenn Bartley / All Canada Photos (clb); Alexandre Rotenberg (cla); Anton Sorokin (bc). Dorling Kindersley: Andy and Gill Swash (bl). World Land Trust: Sebastian Herzog (tc). 82 Alamy Stock Photo: Sylvain Cordier / Biosphoto (cr); Scenic landscape of Kodaikanal hill-station (tc). Dreamstime.com: Hedrus (ca). Getty Images / iStock: Casper1774Studio (bc). 83 Alamy Stock Photo: Arindam Bhattacharya (c); Ryhor Bruyeu (bl); frames (bc). World Land Trust: Christopher Kray (cla); WTI (tc). 86 Alamy Stock Photo: Krys Bailey (bc); Florian Kopp / imageBROKER (tc); Thomas Vinke / imageBROKER (cra); Kevin Schafer / Minden Pictures (cb). 87 Alamy Stock Photo: Sean Crane / Minden Pictures (cla); Pardofelis Photography (bc); Leonardo Mercon / VWPics (cb). Dorling Kindersley: Andy and Gill Swash (bl). World Land Trust: Tatiana Galluppi / Guyra Paraguay (tc). 95 World Land Trust: (tr); Nina Seale / WLT (tl); Tatiana Galluppi / Guyra Paraguay (tc, bc); HUTAN (cl); FUNDAECO Archive (c); David Bebber (cr); Tjalle Boorsma (clb); Lou Jost (crb)

All other images © Dorling Kindersley

Artwork © RIley Samels, 2022

墨西哥护林员：米格尔

巴拉圭护林员：卢尔德

英国护林员：格温

马来西亚加里曼丹岛护林员：埃迪

危地马拉护林员：里卡多

亚美尼亚护林员：马努克

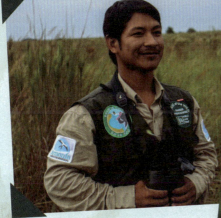

玻利维亚护林员：卡洛斯

厄瓜多尔护林员：圣地亚哥

巴拉圭护林员：卡罗莱纳

KEEPERS of the WILD
RANGER PROGRAMME
WORLD LAND TRUST

著作权合同登记号：01-2024-4371
版权所有　侵权必究

**图书在版编目（CIP）数据**

DK狂野星球 / （美）莉莉·杜著；（英）莱莉·扎梅
尔绘；申屠德君译. — 北京：科学普及出版社，2025.
6. — ISBN 978-7-110-10839-0

Ⅰ．Q95-49；Q94-49

中国国家版本馆CIP数据核字第2024KH0983号

策划编辑　邓　文
责任编辑　王惠珊　梁军霞
图书装帧　金彩恒通
责任校对　邓雪梅
责任印制　徐　飞

科学普及出版社出版
北京市海淀区中关村南大街16号　邮政编码：100081
电话：010-62173865　传真：010-62173081
http://www.cspbooks.com.cn
中国科学技术出版社有限公司发行
惠州市金宣发智能包装科技有限公司承印
开本：787毫米×1092毫米　1/8　印张：12　字数：110千字
2025年6月第1版　2025年6月第1次印刷
ISBN 978-7-110-10839-0/Q·312
印数：1—8000册　定价：88.00元